定制家居
终端设计师手册
设计案例集

郭琼　宋杰　主编

Handbook
for
the Terminal Designer
of
Home Furnishing Customization
Design Case

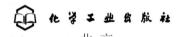
·北京·

内容提要

本书与《定制家居终端设计师手册》配套出版，书中选用的方案主要来自定制家居或有定制化服务的成品家具企业，然后按不同功能的家居空间来分类展示，《定制家居终端设计师手册》中重点讲解过的定制家居空间风格在本书中多有呈现。不仅可以丰富设计师们的视野，给他们更多设计参考，还可以让他们从各种角度去审视不同企业的设计特点，为未来的职业发展提供更好的选择与定位。

本案例集不仅可以作为设计师、设计专业学生的学习参考，也可以为普通消费者家居装修或定制家居的选择提供参考样板。

图书在版编目（CIP）数据

定制家居终端设计师手册. 设计案例集 / 郭琼，宋杰主编. —北京：化学工业出版社，2020.5
ISBN 978-7-122-36606-1

Ⅰ.①定⋯ Ⅱ.①郭⋯ ②宋⋯ Ⅲ.①住宅-室内装饰设计-案例 Ⅳ.①TU241

中国版本图书馆CIP数据核字（2020）第069844号

责任编辑：王　斌　吕梦瑶　　　　装帧设计：王晓宇
责任校对：李雨晴

出版发行：化学工业出版社（北京市东城区青年湖南街13号　邮政编码100011）
印　　装：北京宝隆世纪印刷有限公司
710mm×1000mm　1/16　印张 10　字数 150千字　2020年6月北京第1版第1次印刷

购书咨询：010-64518888　　　　　售后服务：010-64518899
网　　址：http://www.cip.com.cn
凡购买本书，如有缺损质量问题，本社销售中心负责调换。

定　　价：99.00元　　　　　　　　　　　　版权所有　违者必究

编写人员名单

总策划：广东省定制家居协会

主编：郭琼　宋杰

参编人员：林秋丽　胡若曦　黄晓山　刘素清

顾问：杨文嘉　胡景初　王清文　张挺　吴智慧　戴旭杰　刘晓红　李志强　曾勇

鸣谢单位（案例支持单位，排名不分先后）：

索菲亚家居股份有限公司	佛山维尚家具制造有限公司
广州好莱客创意家居股份有限公司	广州润星家具材料有限公司（伊仕利）
皮阿诺科学艺术家居有限公司	壹家壹品（香港）控股有限公司
广东玛格家居有限公司	广东菲立日盛家居科技有限公司
佛山市科凡智造家居用品有限公司	广东好花园家居有限公司
广州尚品宅配家居股份有限公司	广州懒猫木阳台装饰工程有限公司
广东卡诺亚家居有限公司	广州至爱智家科技有限公司
广东劳卡家具有限公司	深圳市自在家科技有限公司
广州诗尼曼家居股份有限公司	东莞纳琦家具有限公司（Frandiss）
广州百得胜家居有限公司	中山四海家具制造有限公司（卡芬达）
永强西克曼智能家居有限公司	东莞市楷模家居用品制造有限公司
广东顶固集创家居股份有限公司	佛山市家家卫浴有限公司（浪鲸）

前言 —— Preface

本书为一本设计案例集，与《定制家居终端设计师手册》共同组成一套书。如果说《定制家居终端设计师手册》是知识的输入过程，那么本书便是成果的输出展现。作为定制家居终端设计师，需要经过理论知识的学习、优秀案例的借鉴、不断实操训练等过程，才能以更优质的设计能力为消费者服务。定制家居终端设计师不是一个孤立的岗位，他们以设计方案输出的形式来展现他们在团队中的作用和价值。这个价值是决定消费者是否愿意购买服务的关键点，因此我们希望在本书中展现出更多的优秀设计案例，给设计师们提供更多的参考资料，期望他们可以通过不断地临摹、比对及思考，找到更适合自己的设计方法和思路，为未来成为更卓越的设计师打下坚实的基础。

最初并没有出版这本案例集的计划，但随着书籍编撰工作的进展，我们收到来自20多个企业的各种支持和帮助，其中多数企业都非常愿意分享他们的优秀设计成果，因此，我们临时决定将这批设计案例优选后，单独以案例集的形式出版，进而让知识的输入和输出形成一个完整的闭环。在案例收集的过程中，我们得到了如下朋友和学生的帮助，他们分别是：梁文豪、佃广升、谢燕婷、肖格、王凤文、郭世民、黄锦超、刘杰、郭子豪、陈勇刚、孔竞、李云燕、李明月、陈胜、陈映芬、吕炜亮、胡若曦等，在此一并表示诚挚的谢意，有了大家的努力付出，读者们才可以看到如此多且精彩的案例。

本案例集选用的方案主要来自定制家居或有定制化服务的成品家具企业，然后按不同功能的家居空间来分类展示，《定制家居终端设计师手册》中重点讲解过的定制家居空间风格在本实例集中多有呈现。阅读本案例集不仅可以丰富设计师们的视野，给他们更多设计参考，还可以让他们从各种角度去审视不同企业的设计特点，为未来的职业发展提供更好的选择与定位。本案例集可以作为设计师、设计专业学生的学习参考，也可以为普通消费者家居装修或定制家居的选择提供参考样板。

最后，本案例集整理的时间比较仓促，如有不尽之处，敬请诸位专家、同仁和广大读者们批评指正。如果您需要指出书中的错误或需要额外支持，请发邮件到该邮箱：157630392@qq.com。

郭琼

2020 年 1 月于羊城

目录 —— Contents

第 1 章　**客厅** / 001

第 2 章　**玄关** / 023

第 3 章　**餐厅** / 033

第 4 章　**厨房** / 051

第 5 章　**卫浴** / 063

第 6 章　**卧室** / 071

目录 —— Contents

第 7 章　书房 / 095

第 8 章　衣帽间 / 105

第 9 章　儿童房 / 115

第 10 章　阳台 / 127

第 11 章　其他空间 / 145

第 1 章　客厅

定制家居终端设计师手册
设 计 案 例 集

皮阿诺

玛格

科凡

尚品宅配

尚品宅配

卡诺亚

卡诺亚

诗尼曼

第 1 章　客厅

壹家壹品

壹家壹品

自在工坊

自在工坊

卡芬达

卡芬达

卡诺亚

楷模

第 1 章 客厅

第2章　玄关

定制家居终端设计师手册
设计案例集

索菲亚

科凡

顶固

至爱智家

第 **3** 章　餐厅

定制家居终端设计师手册
设 计 案 例 集

皮阿诺

玛格

玛格

玛格

第3章 餐厅

西克曼

顶固

卡芬达

卡芬达

卡诺亚

自在工坊

第4章　厨房

定制家居终端设计师手册
设计案例集

第4章 厨房

第4章 厨房

伊仕利

壹家壹品

第 5 章 卫浴

定制家居终端设计师手册
设 计 案 例 集

第 5 章 卫浴

第 5 章 卫浴

第6章　卧室

定制家居终端设计师手册
设计案例集

索菲亚

索菲亚

第 6 章 卧室

好莱客

皮阿诺

第6章 卧室

第6章 卧室

第6章 卧室

尚品宅配

卡诺亚

第6章 卧室

至爱智家

至爱智家

第 7 章 > 书房

定制家居终端设计师手册
设 计 案 例 集

玛格

科凡

科凡

尚品宅配

第 7 章 书房

尚品宅配

诗尼曼

第 8 章　衣帽间

定制家居终端设计师手册
设计案例集

索菲亚

好莱客

好莱客

玛格

第8章 衣帽间

卡诺亚

诗尼曼

第8章 衣帽间

至爱智家

卡芬达

第 8 章 衣帽间

第9章 儿童房

定制家居终端设计师手册
设 计 案 例 集

第 9 章 儿童房

第9章 儿童房

第10章　阳台

定制家居终端设计师手册
设 计 案 例 集

皮阿诺

皮阿诺

第 10 章 阳台

第11章 其他空间

定制家居终端设计师手册
设 计 案 例 集

第 11 章 其他空间

百得胜

顶固

自在工坊

自在工坊

第 11 章 其他空间

自在工坊

自在工坊